我
们
一
起
解
决
问
题

安安/著

王丽洪/绘

卡皮巴拉才不在乎别人怎么看

人民邮电出版社

北　京

图书在版编目（CIP）数据

卡皮巴拉才不在乎别人怎么看 / 安安著. -- 北京：人民邮电出版社，2025. -- ISBN 978-7-115-67384-8

Ⅰ. B84-49

中国国家版本馆CIP数据核字第2025CH6684号

内 容 提 要

在人际交往中，我们常会遇到这样一些人，他们试图通过暗示、打压、制造焦虑等手段影响我们的思想和行为。这些人可能是我们的朋友、同事，甚至是伴侣、家人。心理操控（PUA）不仅会对个体造成深刻的心理伤害，还会破坏其社交关系，甚至影响个体的长远发展。

本书是一本反PUA宝典，书中卡皮巴拉将化身心理咨询师，为你解读PUA的方方面面，把PUA掰开揉碎讲给你：第一部分拆解PUA套路及其背后的逻辑，第二部分阐释如何"透过现象看本质"，通过蛛丝马迹识别PUA，第三部分教我们应对PUA的方法和策略。

本书适合每一个想要让自己内心变强大的读者。

◆　　著　　安　安
　　　　绘　　王丽洪
　　责任编辑　王飞龙
　　责任印制　彭志环

◆人民邮电出版社出版发行　　　北京市丰台区成寿寺路11号
　邮编 100164　电子邮件 315@ptpress.com.cn
　网址 https://www.ptpress.com.cn
北京宝隆世纪印刷有限公司印刷

◆开本：787×1092　1/32
　印张：6.5　　　　　　　　　　2025 年 6 月第 1 版
　字数：60 千字　　　　　　　　2025 年 11 月北京第 2 次印刷

定　价：49.00 元

读者服务热线：（010）81055656　印装质量热线：（010）81055316
反盗版热线：（010）81055315

心理操控（PUA）究竟是什么？

究竟是什么样的人在对我们实施心理操控？

心理操控通常是如何开始的？又是如何运作，如何起作用的？

心理操控为什么能起作用，背后的逻辑是什么？

我们应该用什么样的视角和心态去审视和

对待心理操控呢?

……

无论我们如何看待心理操控,操控者一直都在。

他们可能是我们的同事、朋友,甚至是伴侣、家人。

人是社会性动物,必须是开放的,需要生活在人际关系的网络中。而且,人天生就容易受到他人影响。

伴随着社会的发展、时代的进步,当代人面临着更复杂的人际关系和更大的社会压力,更容易受到他人的影响,甚至被他人操控。

正因为如此,每一个人都应该警惕自己的社交网络中无处不在的操控行为。

我们无法杜绝操控行为，也无法消灭操控者。

但是，我们可以通过学习，让自己变得更自信、更强大。

目录

一、谁也别想套路我

☆ 为什么操控不容易被发现 / 35

☆ 心理操控的典型阶段 / 41

☆ 辨析操控者的话术 / 47

☆ 人为什么会被操控 / 79

二、再狡猾的操控者也逃不过我卡皮巴拉的小眼睛

☆ 如何识别操控 / 105

☆ 起底操控者的特质 / 111

三、看我"接——化——发"，你的套
　　路还有什么用

　☆　什么样的人不容易被操控 / 149

　☆　如何应对操控 / 159

　☆　反操控心态修炼 / 169

　☆　反操控话术修炼 / 181

后记　任何试图操控你的人，都是不怀
　　　好意的人 / 193

一、谁也别想
套路我

8种 PUA手段
01 开空头支票（画大饼）
02 阿谀奉承（拍马屁）
03 道德绑架
04 情感勒索
05 价值观打压
06 制造焦虑（搞心态）
07 价值观输出（洗脑）
08 精神控制
用你听得懂的话说，
就是心理操控。

"画大饼"是一种欺骗行为。
它利用了心理学中的
期待效应和沉没成本效应，
通过美化未来愿景、
夸大预期利益、
做出虚假承诺，
诱导受害人心甘情愿地付出。
面对"画大饼"的花言巧语，
听听就好，不要当真。

"

"拍马屁"是一种
常见的PUA手段，
主要用于建立好感、获取信任、
削弱心理防线、制造情感依赖。
"拍马屁"往往是
操控的前奏，
为后续的操控行为创造条件。
如果对方一张嘴就把
你夸迷糊了，
那你可要当心啦。

"

"道德绑架"利用了心理学中的
内疚感操控和社会规范压力。
利用道德、责任、
义务等社会观念，
通过调动对方的内疚感、
责任感、羞耻感等，
迫使对方按照操控者的
意愿行事。
切记，千万不要跟道德绑架你的
人讲道德。

我真的不理解，也分不清什么是正常的情感需求，什么是情感勒索。

情感勒索和道德绑架很类似。

我不是!

我没有!

别瞎说!

最简单的辨别方法，就是看对方是不是双重标准。

"

情感勒索的核心是
操控受害者的情绪，
让对方在情感压力下屈服。
这种手段常见于亲密关系、
家庭关系等场景中，
操控者可能是伴侣、
家人或朋友。
操控者会利用受害者的
情感依赖，
让对方觉得"只有满足他的要
求，才能维持关系"。

"

心理学中有一句话：毁掉一个人
最好的方法就是否定。
当一个人的价值观被否定时，
会产生心理学中的认知失调，
为了缓解这种不适，
个体可能会产生自我怀疑，
甚至会感到自卑，
以至于改变自己的信念来
迎合操控者。

焦虑和恐惧是比较强烈的情绪，

容易使人心态失衡甚至崩溃，

操控者通过心理学中的

恐惧驱动、不确定效应，

削弱对方的心理防线，

从而控制对方。

当对方试图搞你的心态时，

一定要警惕，

对方可能在对你进行心理操控。

通过价值观输出，
操控者试图将自己的观念、
信仰或行为准则强加给对方，
从而改变对方的思维方式、
行为模式，
甚至自我认同，
最终达到操控的目的。

精神控制是心理操控的

最高形式。

精神控制的目标是彻底掌控

对方的思想、情感和行为，

让对方完全依赖操控者，

甚至失去自我意识和

独立思考的能力。

识别和应对精神控制的关键

在于保持独立思考，

设定界限并寻求外部支持。

我仔细琢磨了一下，
PUA不就是坑蒙拐骗吗？

没错，PUA本质上就是坑蒙拐骗。

咦……我怎么感觉……你好像不是在夸我！

你不会是在PUA我吧？

PUA包含一系列极其隐秘的手段，而且PUA别人的人往往藏得很深！

为什么操控
不容易被发现

PUA之所以不容易被发现，主要是因为其手段往往具有渐进性、隐蔽性和复杂性。操控者会利用人性的弱点、情感需求和心理机制，逐步实施操控，让受害者在不知不觉中陷入其中。

渐进性

> 渐进性是PUA手段的核心特征之一。
>
> 操控者往往通过一系列手段，按步骤逐步推进，让受害者在早期难以察觉。
>
> 操控者先慢慢接近受害者，然后降低受害者的防备，削弱受害者的自我认同和独立思考能力，进而让受害者进入预先设计好的陷阱，最终实现对受害者的全面控制。

隐蔽性

> 　　隐蔽性是PUA手段的核心特征之一，也是其难以被识破的重要原因。
>
> 　　操控者通过伪装、暗示等手段，将自己的真实意图隐藏在看似无害甚至善意的行为背后，让受害者在不知不觉中陷入操控陷阱。操控者往往隐藏得很深，而且操控手段也非常高明。

复杂性

> 复杂性是PUA手段难以被识别和应对的重要原因。
>
> 操控者通过结合多种心理技巧、情感策略和行为模式，构建了一个多层次的操控体系。这种复杂性不仅体现在操控手段的多样性上，还体现在其渐进性、隐蔽性以及对受害者心理的深度渗透上。

心理操控的
典型阶段

吸引阶段

> 在开始阶段，操控者的目标是引起受害者的注意和兴趣。他们可能会通过**过度赞美、迅速建立亲密感、伪装人设**等手段实现。
>
> 在这个阶段，操控者的行为看似无害，甚至让受害者感到被重视和欣赏。然而，过度的赞美和迅速建立的亲密感，实际上是为了让受害者降低警惕性。

试探阶段

> 　　在这个阶段，操控者的目标是试探受害者的底线和寻找受害者的弱点。他们可能会通过**价值观打压、制造焦虑**等手段引发不确定性或夸大威胁，让对方感到不安，内心动摇。
>
> 　　在这个阶段，操控者的行为开始显露出操控的迹象，但受害者可能仍然误以为这是"关心"或"爱的表现"。

控制阶段

> 　　在这个阶段，操控者的目标是彻底掌控受害者的思想和行为。他们可能会通过情感勒索、行为控制等手段迫使对方满足自己的要求、按照自己的意愿行事。
>
> 　　在这个阶段，操控者的行为已经明显表现出操控的本质，但受害者可能因为已经陷入对操控者的依赖而难以摆脱。

洗脑阶段

> 在这个阶段，操控者的目标是让受害者完全依赖自己。他们可能会通过**孤立受害者**、**强化依赖**等手段达到目的。
>
> 在这个阶段，受害者已经完全失去自我认同和独立思考能力，甚至觉得只有操控者才是对的。

辨析操控者的话术

49

如果你想和我好好过，就应该把工资卡上交！

感情是感情，工资是工资。你不掏钱，他就否定你的感情。这恰恰说明他对你的感情未必是真的，他或许只想要你的钱。

你不要听别人的，我才是为你好。

这是典型的社交孤立、价值观输出、精神控制的组合。

对方限制你接触外界信息，只让你接受他提供的信息，从而强化他的价值观输出，进而操控你。

67

69

吃亏是福。吃点小亏没什么大不了的，不要放在心上。

想占你便宜的操控者，占了你的便宜后还会继续给你洗脑，以便以后一直占你的便宜。

71

人为什么会被操控

人性的弱点使得
操控者有机可乘。

易受暗示

> 　　人很容易受到暗示，即外界的信息通过感官系统的传递，绕过意识直达潜意识，使人在不知不觉中把暗示当作真实，并将其内化。
>
> 　　暗示在很多时候是无意识的，但它也可以被有意地利用。

认知失调

> 当一个人的行为或信念与外部环境发生冲突时，会产生认知失调。为了缓解这种不适，个体可能会改变自己的信念或行为。操控者通常通过否定受害者的价值观或行为，让对方产生认知失调，乘虚而入，达到自己的目的。

内疚感操控

> 内疚感是一种强烈的负面情绪，会让人产生自我怀疑，甚至妥协。操控者通过制造内疚感，让对方觉得自己"有错"或"不够好"；受害者急于纠错、弥补或者改变，因而更容易屈服于操控者。

权威效应

> 人们往往倾向于相信权威或看似更有经验的人。操控者通过树立自己的权威形象，让对方觉得"只有他才是对的"，从而更容易接受操控者的观点。
>
> 三百多年前，拉·封丹曾说过："强者的道理总是最正确的道理。"在极端的操控环境下，受害者几乎自然而然地接受了操控者的逻辑，满脑子都是操控者的观念，最终也开始像操控者一样思考。

沉没成本效应

> 当一个人在一段关系或一件事情上投入了大量时间、精力或情感后，即使发现情况不对，他也会因为之前的投入太多舍不得放弃而选择继续坚持。操控者常常利用这一点，让对方不断付出，从而更加依赖操控者。

有需求的地方就会有骗局。

渴望被爱与认可

> 许多人的内心深处渴望被爱、被认可，尤其是在孤独或缺乏安全感的情况下。操控者通过过度赞美和虚假关心，能迅速满足这种需求，让对方产生好感。

害怕失去

> 操控者通过制造不确定性或威胁，让对方害怕失去，进而屈服于操控者的要求。

情感依赖

> 　　操控者通过逐步削弱受害者的自我认同，让对方对自己产生强烈的情感依赖。这种依赖会让受害者觉得"只有操控者才是对的"。

社会是个大熔炉，
个体常常身不由己。

不平等和不公平

> 在一些文化中依然存在不平等和不公平的观念，如"重男轻女"观念、"嫌贫爱富"观念、相貌歧视、年龄歧视、地域歧视等，在特定的社会环境中，强势的一方往往会对弱势的一方进行操控。

社会压力

在现代社会中，许多人面临着巨大的社会压力，如工作压力、经济压力等。这种压力更容易让人陷入被动，从而被操控者利用。

二、再狡猾的操控者也逃不过我卡皮巴拉的小眼睛

PUA别人的人，一定都是很聪明的人吧？

嗯……你这么说看似没错，其实没有道理。

操控者可能是聪明人，受害者也可能是更聪明的人。没有任何证据表明操控者就比受害者更聪明。

准确地说，应该是：操控者给人聪明的印象，是因为他们把所有的聪明才智都用在了操控别人上。

有道理！

我说一句，你就接一句。你跟我这儿说相声呢？

如何识别操控

"

记住，事出反常必有妖。

当你注意到某个人的言行不合常理，或者你在与他人的交往中发现不对劲时，就要小心了。

识别PUA的关键在于了解其常见的套路和模式，并通过观察和分析来判断对方是否试图或正在操控你。

同时，直觉也是很重要的方面。直觉是一种快速、无意识的认知过程，它基于个体的经验、情感和潜意识，能够在不经过详细分析的情况下，迅速对情境或行为做出判断。

如果你的直觉让你远离某个人或者某件事儿，你完全可以相信自己的直觉，并因此提高警惕。别人对你的恶意也许隐藏得很好，但你的直觉可能会让你内心感到不安，甚至让您产生无来由的厌恶感，这就是一种预警。

看他的人品

> 　　人品是一个人的道德品质和行为准则的核心体现。操控者往往在人品上存在缺陷，具体表现如下。
> ★ 缺乏诚信
> ★ 自私自利
> ★ 缺乏责任感

了解他的三观

> 　　三观（世界观、人生观、价值观）决定了一个人的行为模式和处事原则。操控者通常是三观不正的人，具体表现如下。
> ⭐ 价值观扭曲
> ⭐ 非常功利
> ⭐ 缺乏同理心

观察他的行为模式

> 　　行为模式是识别操控者的重要线索。操控者通常会表现出一些固定的行为模式（看他怎样对待别人，怎么跟别人相处），具体表现如下。
> ⭐ 伪装行为
> ⭐ 打压行为
> ⭐ 勒索行为

起底操控者的特质

具体表现

> ★ **模糊表达**：说话模棱两可，不直接说明自己的需求或想法。
>
> ★ **间接批评**：不直接指出问题，而是通过旁敲侧击的方式让对方感到被贬低或质疑。
>
> ★ **暗示性语言**：用"你懂的""你应该明白"之类的话，让对方猜测其真实意图。

操控者为什么喜欢拐弯抹角

★ **隐藏真实意图**：操控者不希望自己的真实想法或目的被识破，因此通过暗示或间接表达来掩盖。

★ **测试对方反应**：通过暗示，操控者可以观察对方的反应，判断对方是否容易被影响或控制。

★ **制造不确定性**：拐弯抹角的表达方式会让对方感到困惑、不安，从而更容易被操控者牵着走。

★ **避免直接责任**：操控者通过暗示的方式，可以在事情出错时推卸责任，因为他们从未明确表达过自己的意图。

smiley
mask

虚情假意、善于
伪装的"面具人"。

具体表现

> ★ **表面热情，内心冷漠：** 表面上表现出极大的热情，实际上并不在乎别人的感受。
>
> ★ **选择性真诚：** 只在对他们有利的时候表现出真诚，一旦目的达成，态度立刻转变。
>
> ★ **过度讨好：** 为了获取信任，过度赞美或迎合他人，但这种行为通常带有目的性。
>
> ★ **扮演受害者：** 伪装成受害者，以博取同情并操控他人。

操控者为什么喜欢伪装？

> ★ **隐藏真实意图**：操控者不希望别人看穿他们的真实目的，因此通过伪装来掩盖。
>
> ★ **获取信任**：通过表现出虚假的真诚和友善，操控者可以快速赢得他人的信任，从而更容易实施操控。
>
> ★ **避免冲突**：伪装可以帮助操控者避免直接冲突，同时让他们在关系中占据优势地位。

★ 决策垄断：操控者喜欢掌控一切，忽视他人的意见，不允许他人参与决策。

★ 强迫服从：操控者可能会通过威胁、批评或惩罚来迫使他人服从自己的意愿。

★ 过度干涉：操控者常对他人生活的方方面面进行过度干涉，甚至试图控制细节。

★ 社交孤立：操控者通过限制他人的社交圈或资源，使对方更加依赖自己。

操控者为什么强势且控制欲强?

> ★ **权力需求**：操控者通常渴望权力和支配感，通过控制他人来满足这种需求。
>
> ★ **以自我为中心**：操控者往往以自我为中心，认为自己的需求和目标比他人的感受更重要。
>
> ★ **习惯性行为**：对于长期习惯于操控他人的人来说，控制已经成为一种无意识的行为模式。

★ 承诺与行动不符：操控者可能会做出承诺，但从不兑现，或者故意拖延。

★ 双重标准：他们对自己和他人采用不同的标准，比如要求别人遵守规则，自己却随意违反规则。

★ 前后矛盾：操控者可能会在不同场合或对不同人说不同的话，导致信息混乱。

★ 表面支持，暗中破坏：操控者表面上支持你的决定，但背地里却采取行动阻挠。

操控者为什么言行不一致？

> ★ **制造混乱**：通过言行不一致，操控者可以让他人感到困惑，从而削弱对方的判断力。
>
> ★ **隐藏真实意图**：操控者不希望自己的真实目的被识破，因此通过说一套做一套来掩盖。
>
> ★ **测试对方反应**：操控者通过言行不一致来观察对方的反应，判断对方是否容易被影响。
>
> ★ **逃避责任**：当事情出错时，操控者可以推卸责任，因为他们从未明确表达过自己的真实意图。

> ★ **情感驯化**：时而热情、时而冷淡，制造不确定性，让对方感到焦虑和依赖，慢慢侵蚀其情感。
>
> ★ **情感剥削**：利用他人的情感需求来满足自己的欲望，比如通过虚假的关心或承诺来获取利益。
>
> ★ **制造依赖**：通过操控让他人对自己产生依赖，达到控制对方的目的。
>
> ★ **打压他人**：通过贬低或批评他人来提升自己的优越感。

自恋型人格者的特征

> ★ **以自我为中心**：自恋者认为自己是世界的中心，他人的需求和感受远不如自己的重要。
>
> ★ **优越感**：自恋者往往认为自己比他人更聪明、更有能力，甚至高人一等。
>
> ★ **缺乏同理心**：自恋者难以理解或关心他人的情感和需求，只关注自己的利益。
>
> ★ **操控倾向**：为了维持自己的优越感和控制感，自恋者会使用各种操控手段。

> ★ **散布谣言**：操控者可能会散布虚假信息或谣言，以破坏他人的关系或声誉。
>
> ★ **制造矛盾**：操控者可能会故意隐瞒或扭曲信息，在不同人之间制造矛盾。
>
> ★ **煽动情绪**：通过煽动他人的情绪，操控者可以更容易地搬弄是非。
>
> ★ **扮演调解者**：操控者有时会假装调解矛盾，实际上却在暗中使坏，使矛盾更加激化。

操控者为什么喜欢挑拨离间、搬弄是非？

★ **制造混乱**：通过挑拨离间、搬弄是非，操控者可以制造混乱和不确定性，削弱他人的判断力和自信心。

★ **分裂关系**：操控者通过挑拨离间来破坏他人之间的关系，使对方更容易被控制。

★ **获取利益**：在混乱和分裂中，操控者可以趁机获取某种利益，比如权力、资源或关注。

★ **满足自我需求**：有些操控者通过搬弄是非来满足自己的心理需求，比如获得优越感或控制感。

> ★ **不择手段**：操控者可能会使用不道德的手段来达到自己的目的。
>
> ★ **利用他人**：操控者会利用他人的资源、情感或信任来达到自己的目的。
>
> ★ **快速切换目标**：一旦达到目的，操控者可能会迅速转向下一个目标，而不会考虑之前的承诺或关系。

操控者为什么目的性强且功利？

- ★ **以自我为中心**：操控者往往以自我为中心，认为自己的目标和需求比他人的感受更重要。

- ★ **缺乏同理心**：操控者通常缺乏同理心，不关心他人的情感或需求，只关注如何达到自己的目的。

- ★ **权力需求**：操控者渴望权力和控制感，通过实现目标来满足这种需求。

- ★ **短期利益**：操控者往往追求短期利益，而忽视长期关系和后果。

> ★ **单方面需求**：操控者总是要求他人满足自己的需求，而很少或从不考虑他人的需求。
>
> ★ **缺乏回报**：操控者很少或从不回报他人的付出，甚至可能将他人的帮助视为理所当然。
>
> ★ **情感剥削**：操控者可能会利用他人的情感需求来获取支持、关注或资源。
>
> ★ **忽视他人感受**：操控者通常忽视或轻视他人的感受，只关注自己的利益。

操控别人会上瘾。因为一旦成功，操控者会得到很多很多好处，同时又不用付出任何代价。

操控者也会养成一些习惯，形成固定的行为模式。

三、看我
"接——化——发"，
你的套路
还有什么用

什么样的人
不容易被操控

情绪稳定的人

> ★ 在面对压力或冲突时，能够保持冷静和理性。
>
> ★ 能够识别和调节自己的情绪，避免被对方的情绪影响。
>
> ★ 在面对操控时，能够通过情绪管理保持清醒，不被对方的情绪左右。

有清晰的自我认知的人

> ⭐ 能够客观评价自己，既不自卑也不自负。
>
> ⭐ 清楚自己的需求和目标，不会轻易被他人的意见左右。
>
> ⭐ 在面对操控时，能够坚定自己的立场，不被对方的言语或行为迷惑。

社交能力强的人

> ★ 能够与不同类型的人建立健康的关系，不依赖单一关系，不容易被孤立或控制。
>
> ★ 在遇到问题时，能够从多个渠道获取支持和帮助。
>
> ★ 在面对操控时，能够通过社交网络获得外部支持，避免被孤立。

有明确目标的人

> ⭐ 能够专注于自己的目标，不被外界的干扰影响。
>
> ⭐ 在面对操控时，能够坚定自己的目标，不被对方的诱惑或威胁左右。
>
> ⭐ 能够通过目标导向的行为，有效抵御操控者的影响。

有心理韧性的人

> ⭐ 在面对困难或挑战时，能够保持积极的心态和行动。
>
> ⭐ 能够从挫折中恢复，不被失败或批评打倒。
>
> ⭐ 在面对操控时，能够通过心理韧性保持自信，不被对方的打压影响。

有自我反省能力的人

> ⭐ 有自我反省能力的人通常具备较强的批判性思维，能够识别操控者的常见手段。

> ⭐ 能够通过自我反省识别自己的弱点和不足，避免被操控者利用。

> ⭐ 在面对操控时，能够通过自我反省保持清醒，不被对方的言语或行为迷惑。

> ⭐ 能够通过自我反省不断提升自己，增强抵御操控的能力。

有边界感的人

> ⭐ 能够清楚地表达自己的需求和底线，不会轻易被他人的意见或行为左右。
>
> ⭐ 能够区分什么是可以接受的，什么是不可接受的，主动建立自我保护机制。

豁达乐观的人

> ⭐ 豁达的人能够包容不同的观点和行为，不容易被他人的评价或否定动摇。
>
> ⭐ 豁达的人倾向于关注积极的事物，不容易被操控者的负面情绪或行为影响。
>
> ⭐ 豁达的人不依赖他人的认可或情感支持来维持自我价值感，能够自主管理自己的情绪。

如何应对操控

保持清醒

> 操控行为的第一步通常都是迷惑受害者，让受害者失去判断力，这样操控者才有机可乘来实施操控。保持清醒是应对操控的核心。

增强自信心

> 增强自信心是应对操控的重要手段。操控者通常会打压受害者的自信心，让其产生自我怀疑，从而落入操控者布置的陷阱。

独立思考

> 　　拥有独立思考的能力是反操控的关键。对自己、对外界有清醒的认知，不轻易接受他人的观念，就不容易被操控。

设定界限

> 　　设定明确的界限是保护自己免受操控的重要手段。操控行为基本上都是越界行为，你的边界感越明显，越容易通过识别越界行为发现操控的触手。

寻求外部支持

> 操控者通常会试图孤立受害者，让受害者只能依赖他们。因此，寻求外部支持是应对操控的重要手段。

识别操控手段

识别操控手段是应对操控的基础。只有了解操控者的常见手段，才能更好地保护自己。

掌握应对策略

> 　　掌握应对策略是有效抵御操控的关键。通过制定和实施抵御策略，可以更好地保护自己。比如，学会说"不"。

强化自我认同

> 稳定的内核可以抵御外界的操控，通过不断反思和学习，坚定信念、提升认知、增强信心，成为更好的自己，让操控者无计可施。

反操控心态修炼

我不欠你什么！

不论什么人向你提什么要求，或者向你索取什么，你都可以问一个问题：我欠你的吗？

"我欠你的吗？"这个问题是一个强大的心理工具，可以帮助我们识别和抵御操控行为。通过明确界限、识别操控和增强自信，我们可以有效保护自己，远离操控者的伤害。无论是在情感关系、职场还是日常生活中，这个问题都能帮助我们明确自己的责任和义务，避免被他人的不合理要求左右。

只有自己高兴了，那才是生活。

一个人的幸福不应依赖于外部因素或他人的看法，而应更多地关注自身的感受和需求。

我们应该将快乐置于生活的首位，只有当我们的内心感到快乐时，其他事情才会有意义。不要因为一些小事或外界的期望焦虑，实际上让你不开心的事儿都可以放下。

只要我不尴尬，尴尬的就是别人。

　　这种心态的核心是自我接纳和情绪独立，它让你能够保持冷静、自信，无惧别人的眼光，遇到任何情况都不会觉得不好意思、尴尬、丢脸，能够坦然面对自己的失误，这样就不会被外界的评价左右。

我值得、我很配！

你越是觉得自己好，越看好自己，认为自己值得，就越会吸引更多的美好事物来到你身边，成为你的一部分。

永远不要用"值不值""配不配"来衡量自己的需求，回到初心，问自己"适合不适合""需要不需要"。别人口中的"不值得""你不配"，通通不要理会。

好听的话别当真，难听的话别走心。

别人对你的评价，取决于你对他的价值。你对别人有用时，他会毫不吝啬地赞美你，甚至过度赞美；一旦你损害了他的利益，他就会和你翻脸，甚至恶意诋毁你。

很多事儿，你当回事儿才是事儿，你不当回事儿，就不是个事儿。

　　很多事情之所以让我们感到烦恼或有压力，往往是因为我们过于在意它们。如果我们能够以轻松的态度看待，这些事情可能就不再是问题。

你不坚持自己，别人就会调教你。

　　人际关系中的自我关爱和自我保护是极其重要的。如果你不学会善待自己、坚持自己的需求和底线，别人可能就会按照他们的方式"调教"你，让你适应他们的期望或需求。

那些不尊重你的人，也不配得到你的尊重。

在任何关系中，首先要尊重自己，不要为了迎合他人而贬低自己，不要让自己陷入被轻视或不被重视的关系中。尊重是相互的，任何不平等的关系都不值得我们去维持。

聪明的人，不相信人品，只相信人性。

人性是复杂且多变的，我们要学会通过理解人性的本质来做出更理性的判断。这有助于自我保护，也能让我们在人际交往中更加从容和明智。

越自信，就越幸运。

　　当我们对自己充满信心时，往往会吸引更多的机会和好运，因为自信能够影响我们的行为、态度以及他人对我们的看法。自信不仅是一种心理状态，更是一种能够改变命运的力量。通过培养自信，我们可以更好地掌控自己的生活，迎接更多的机会和好运。

反操控话术修炼

任何试图操控你的人，都是不怀好意的人

心理操控既让人害怕，又令人困惑。

人们既害怕自己被别人操控，同时又害怕自己操控别人的事实被发现。然而，大多数人对操控的认知依然很模糊，因此人们常常在不存在操控的地方看到操控的影子，在操控行为特别明显时反而视而不见，这正是操控行为让人困惑之处。

在人们的普遍认知中，操控手段可能多数出现在政治博弈、商业竞争中，很少有人会意识到日常生活中自己会被操控，因为很多人对操控的界定并不清楚，也不理解。比如人们不愿相信、也不能理解，在亲密关系中另一半为什么要PUA自己——当然只有识破操控的时候他们才会发出这种感慨。

操控行为能够大行其道，除了人们对其认知不足外，另一个主要原因是，很多操控行为只是不道德，可能并不构成犯罪。操控者的恶行即使被发现了，我们也只能在道德上进行谴责，没有办法通过法律手段让操控者付出代价——除非操控行为真的触犯了法律。

操控者的行为往往极具隐蔽性，就像我们被病毒感染的时候我们往往感知不到，等到病情发作时我们才反应过来。受害者一旦被操控，后果往往很严重，不仅会对其心理、情感和生活造成深远的影响，还可能对其人际关系、职业发展产生长期的负面影响，甚至危及生命。

　　某种意义上说，操控者都是坏人。我们甚至可以这样说，即使操控者没有成功，试图操控本身，也是不道德的，甚至是邪恶和残忍的。

　　我们没必要妖魔化操控者，但也决不能忽视操控者带给我们的不良影响，甚至伤害。操控者一直都会存在，我们不能想当然地期待他们会因为自己的行为得到应有的报应。我们需要做的是提升自己的认知、始终保持警惕，决不能任由这些伪装了的坏人为所欲为。